Addition & Subtraction

Math Workbook

Addition & Subtraction Math Workbook

©Addition & Subtraction Math Workbook. All rights reserved.
No part of this publication may be reproduced, distributeed, or
Transmitted, in any form or by any means, including photocopying,
Recording,or other electronic or mechanical methods, withouts
Prior written permission of the publisher, except in the case of brief
Quotations embodied in critical reviews and certain other
noncommercial uses permitted by copyright law.

1.

◯ − ◯ = ◯

2.

◯ − ◯ = ◯

3.

◯ − ◯ = ◯

⓪ ① ② ③ ④ ⑤ ⑥ ⑦ ⑧ ⑨ ＋ −
⑩ ⑪ ⑫ ⑬ ⑭ ⑮ ⑯ ⑰ ⑱ ⑲ ⑳ ＝

1. ⑥ − ④ = ②
2. ⑩ − ⑧ = ②
3. ⑤ − ⑨ = ④

Balloons: 1 ... 3 4 ... ... 7 ... 9 ...

Jars: ... 2 3 ... ... 6 7 10

Bears: 1 2 ... 4 5 ... ... 8 ... 10

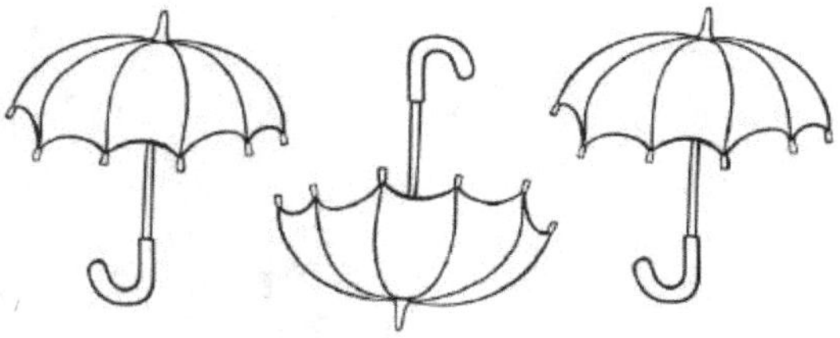

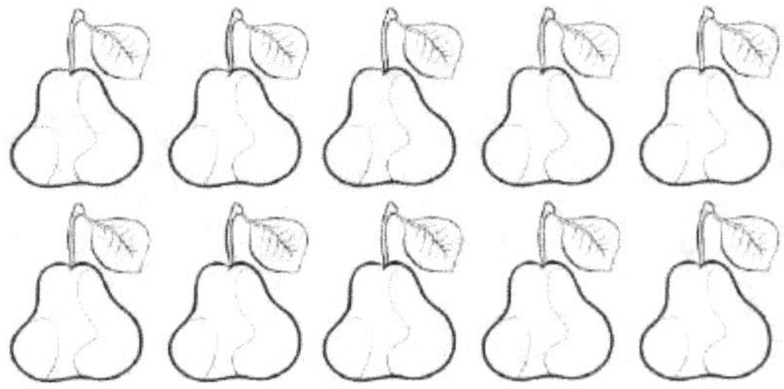

2	+	3	=	
4	−	1	=	
10	+	2	=	
7	−	3	=	
9	+	3	=	

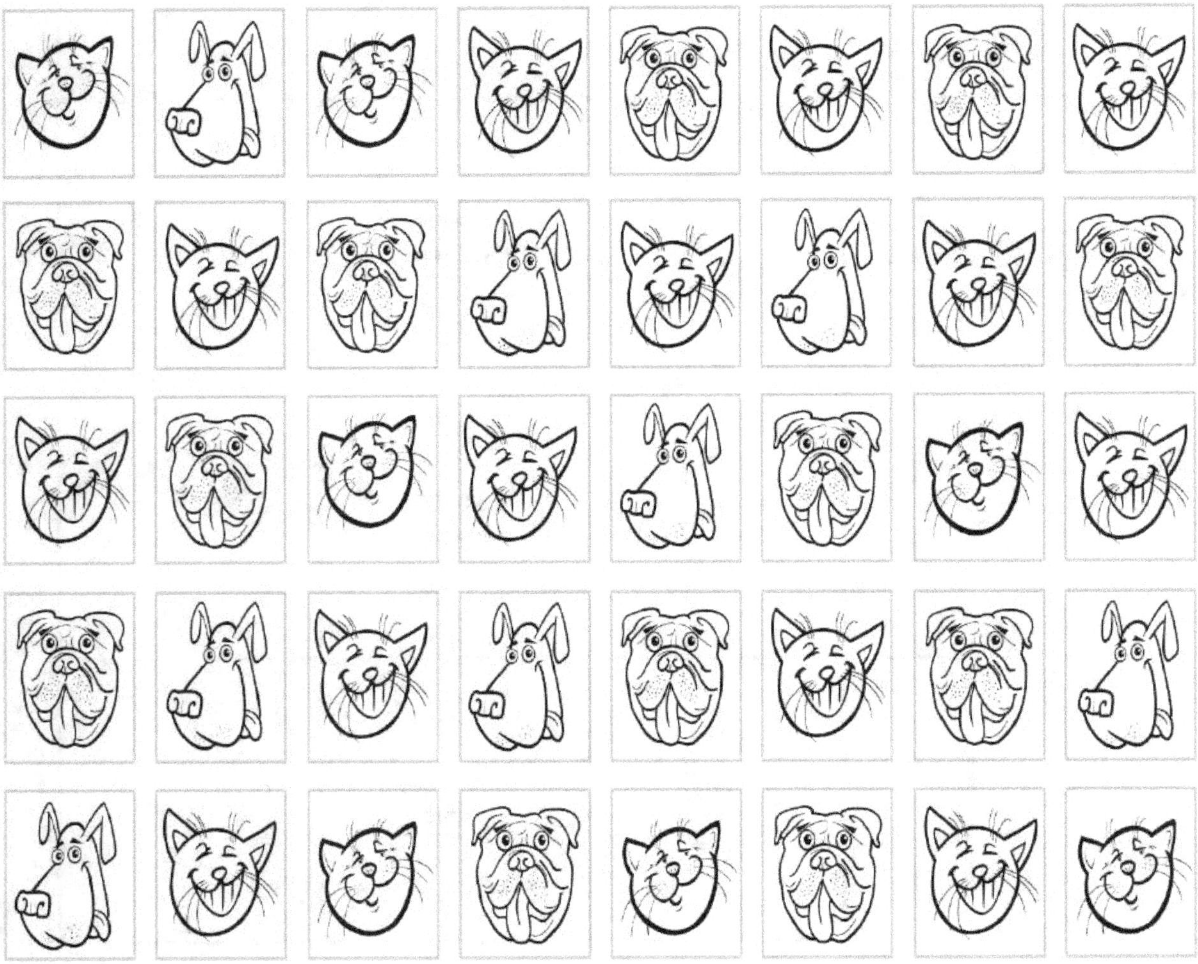

2	+	3	=	
4	-	1	=	
10	+	2	=	
7	-	3	=	
9	+	3	=	

1	+	3	=	
7	-	2	=	
12	+	3	=	
18	-	8	=	
11	+	5	=	

4	+	7	=	
2	−	1	=	
13	+	5	=	
12	−	8	=	
10	+	5	=	

1	+	3	=	
5	-	2	=	
10	+	1	=	
9	-	5	=	
2	+	5	=	

9	+	1	=	
4	-	3	=	
5	+	4	=	
9	-	5	=	
3	+	10	=	

2	+	3	=	
4	-	1	=	
3	+	8	=	
6	-	5	=	
5	+	10	=	

5	+	5	=	
15	-	3	=	
12	+	2	=	
19	-	8	=	
16	+	2	=	

1		3		5
	7		9	
11		13		15
	17		19	

12	+	4	=	
9	-	5	=	
18	+	1	=	
13	-	4	=	
19	+	1	=	

1		3		5
	7		9	
11		13		15
	17		19	

9	+	1	=	
8	−	4	=	
18	+	1	=	
14	−	5	=	
7	+	3	=	

1		3	4	
	7		9	10
11		13		
	17	18		

8	+	4	=	
10	-	9	=	
14	+	4	=	
13	-	3	=	
4	+	3	=	

	2		4	5
6			9	
		13		15
16		18		20

1		3		
6		8		10
11		13		15
		18		20

10	+	2	=	
14	-	8	=	
7	+	3	=	
6	-	4	=	
3	+	2	=	

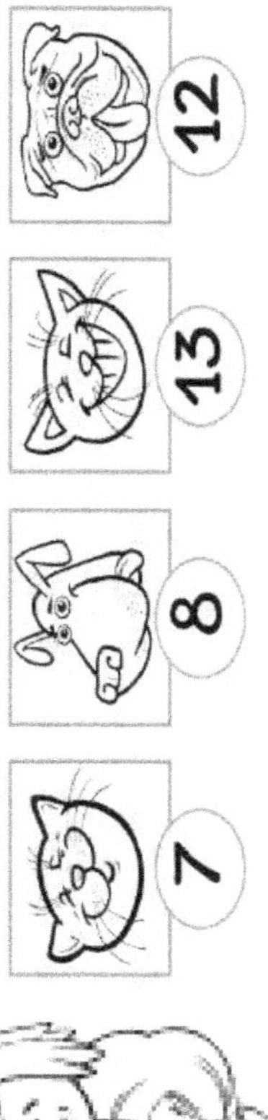

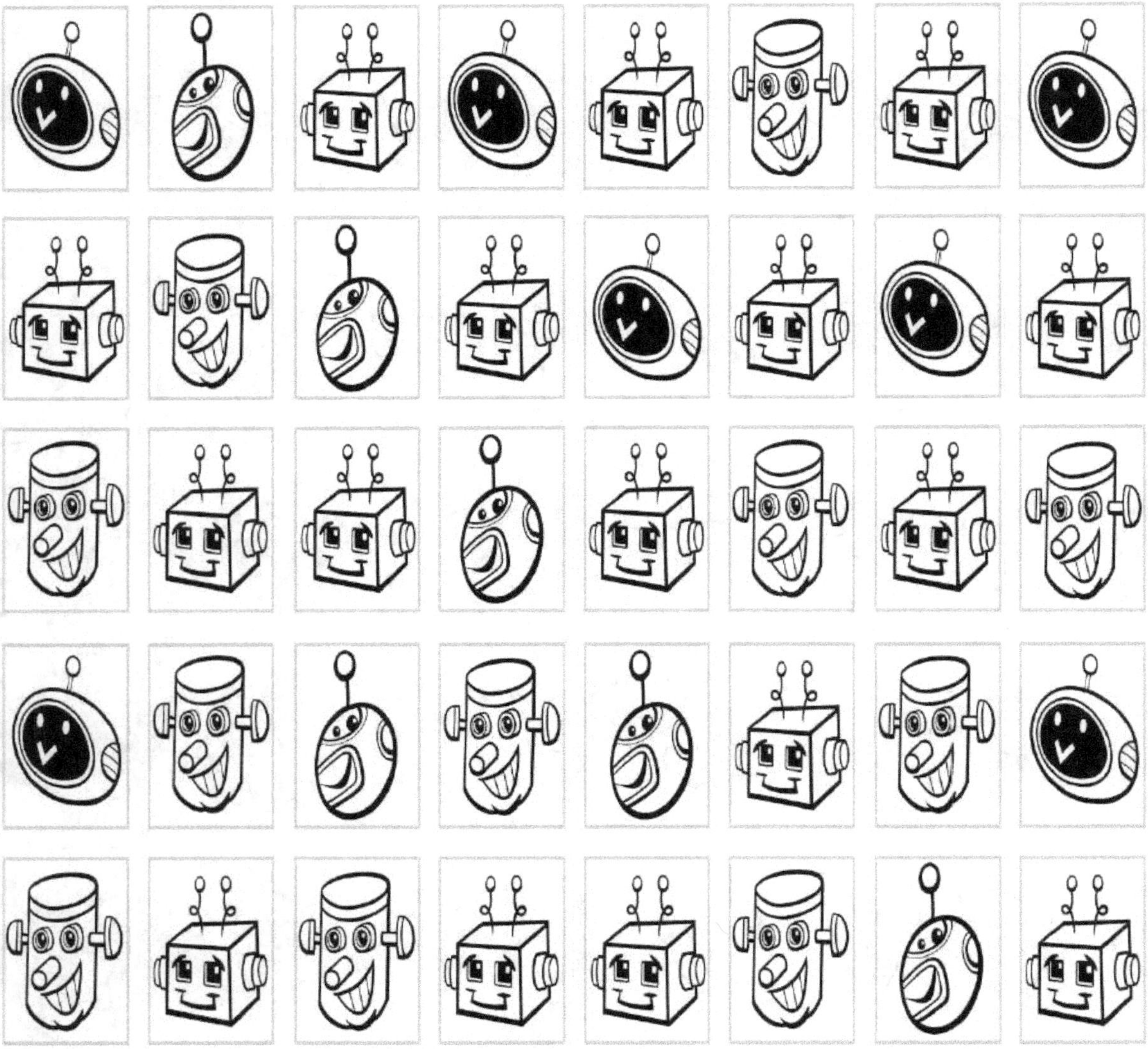

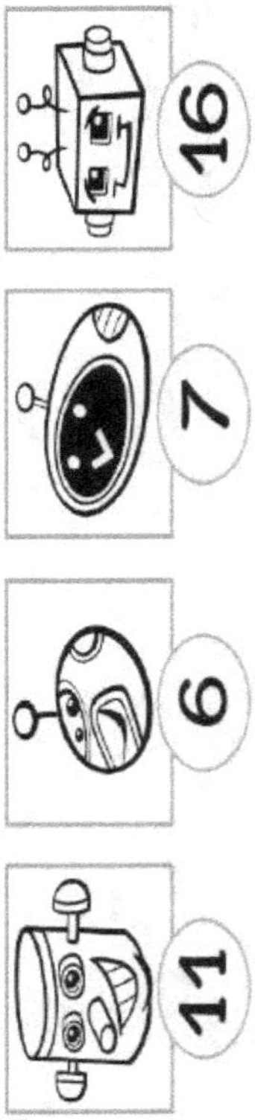

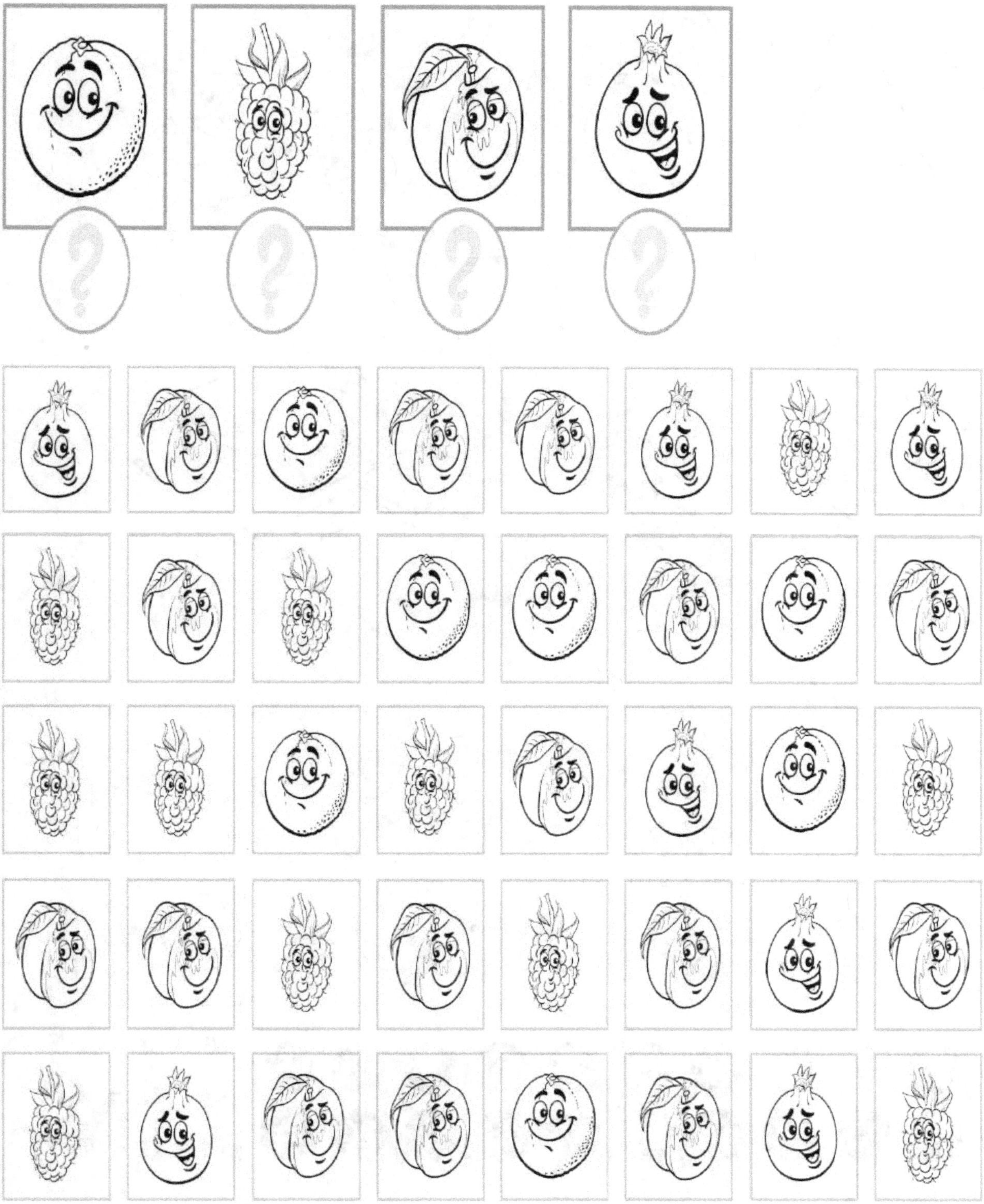

1.

◯ − ◯ = ◯

2.

◯ − ◯ = ◯

3.

◯ − ◯ = ◯

0 1 2 3 4 5 6 7 8 9 + −
10 11 12 13 14 15 16 17 18 19 20 =

1. 6 − 4 = 2
2. 10 − 8 = 2
3. 9 − 5 = 4

3	+	9	=	
14	-	10	=	
4	+	14	=	
16	-	7	=	
2	+	3	=	

4	+	14	=	
12	−	2	=	
1	+	17	=	
18	−	1	=	
5	+	6	=	

2 + 10 =	
8 - 3 =	
3 + 4 =	
11 - 8 =	
9 + 5 =	

14	+	6	=	
9	-	3	=	
6	+	2	=	
3	-	1	=	
18	+	1	=	

1.

   ◯ + ◯ = ◯

2.

   ◯ + ◯ = ◯

3.

   ◯ + ◯ = ◯

⓪ ① ② ③ ④ ⑤ ⑥ ⑦ ⑧ ⑨ ➕ ➖
⑩ ⑪ ⑫ ⑬ ⑭ ⑮ ⑯ ⑰ ⑱ ⑲ ⑳ 🟰

1. 5 + 4 = 9
2. 3 + 6 = 9
3. 7 + 2 = 9

7	+	3	=	
4	-	2	=	
19	+	1	=	
8	-	7	=	
5	+	13	=	

1. ② + ? = ⑤

2. ? + ③ = ⑧

3. ? + ② = ④

4. ? + ① = ⑥

5. ⑥ + ? = ⑫

6. ? − ③ = ⑦

⓪ ① ② ③ ④ ⑤ ⑥ ⑦ ⑧ ⑨ + −
⑩ ⑪ ⑫ ⑬ ⑭ ⑮ ⑯ ⑰ ⑱ ⑲ ⑳ =

1. ② + ③ = ⑤
2. ⑤ + ③ = ⑧
3. ② + ② = ④
4. ⑤ + ① = ⑥
5. ⑥ + ⑥ = ⑫
6. ⑩ − ③ = ⑦

1. ? + 6 = 7
2. 10 − ? = 9

3. 4 − ? = 2
4. ? + 3 = 5

5. ? + 4 = 14
6. ? − 1 = 8

0 1 2 3 4 5 6 7 8 9 + −
10 11 12 13 14 15 16 17 18 19 20 =

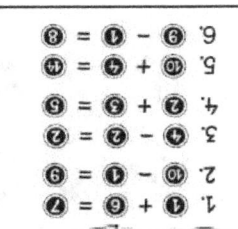

1. 20 − 12 = ?

2. 14 − 5 = ?

3. 9 − 7 = ?

0 1 2 3 4 5 6 7 8 9 + −
10 11 12 13 14 15 16 17 18 19 20 =

1. 8
2. 9
3. 2

1. 3 + 7 = ?

2. 18 + 0 = ?

3. 8 + 11 = ?

0 1 2 3 4 5 6 7 8 9 + −
10 11 12 13 14 15 16 17 18 19 20 =

1. 10
2. 18
3. 19

1. 10 + 4 = ?

2. 14 + 2 = ?

3. 4 + 9 = ?

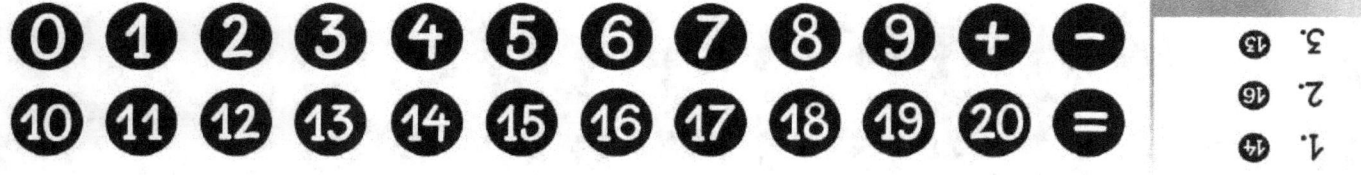

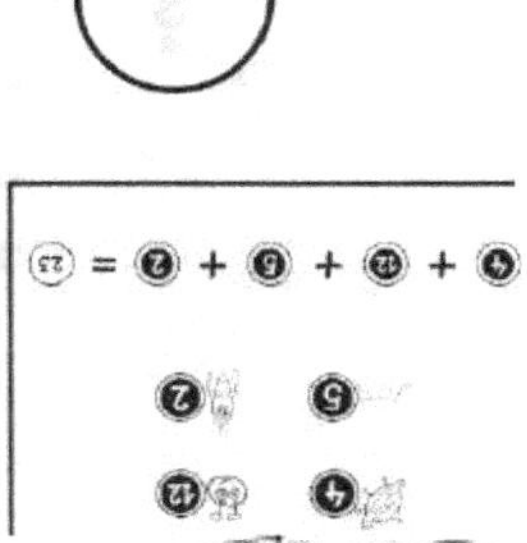

? + ? + ? + ? = ?

0 1 2 3 4 5 6 7 8 9 + −
10 11 12 13 14 15 16 17 18 19 20 =

1. 3 + 5 = ?

2. 3 + 7 = ?

3. 4 + 4 = ?

0 1 2 3 4 5 6 7 8 9 + −
10 11 12 13 14 15 16 17 18 19 20 =

1. 8
2. 10
3. 8

◯ + ◯ = ◯

KU TZCJXL

◯ + ◯ = ◯

◯ + ◯ = ◯

⓪ ① ② ③ ④ ⑤ ⑥ ⑦ ⑧ ⑨ ＋ −
⑩ ⑪ ⑫ ⑬ ⑭ ⑮ ⑯ ⑰ ⑱ ⑲ ⑳ ＝

③ + ② = ⑤
② + ⑥ = ⑧
④ + ③ = ⑦

1. 8 − 5 = ?

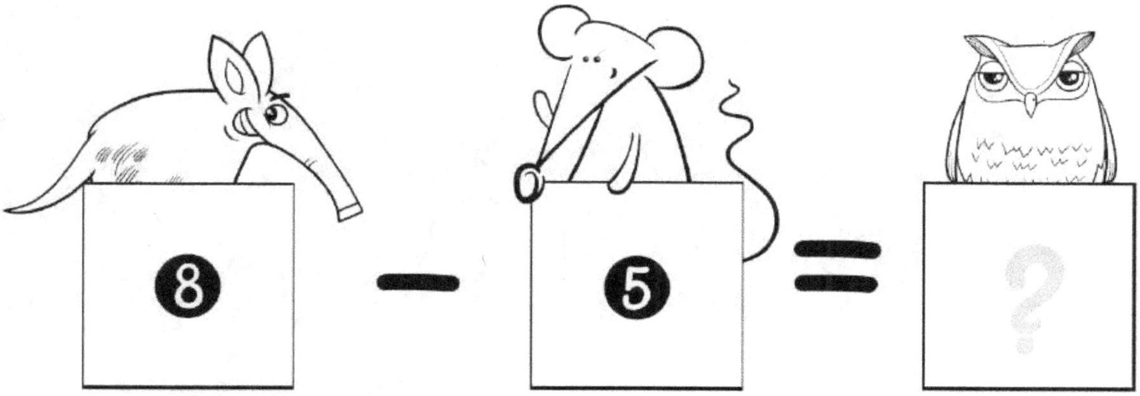

2. 20 − 10 = ?

3. 16 − 9 = ?

1.

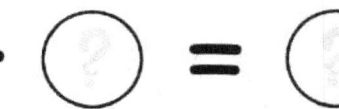

2.

3.

1. 6 - 1 = 5
2. 9 - 6 = 3
3. 9 - 6 = 3

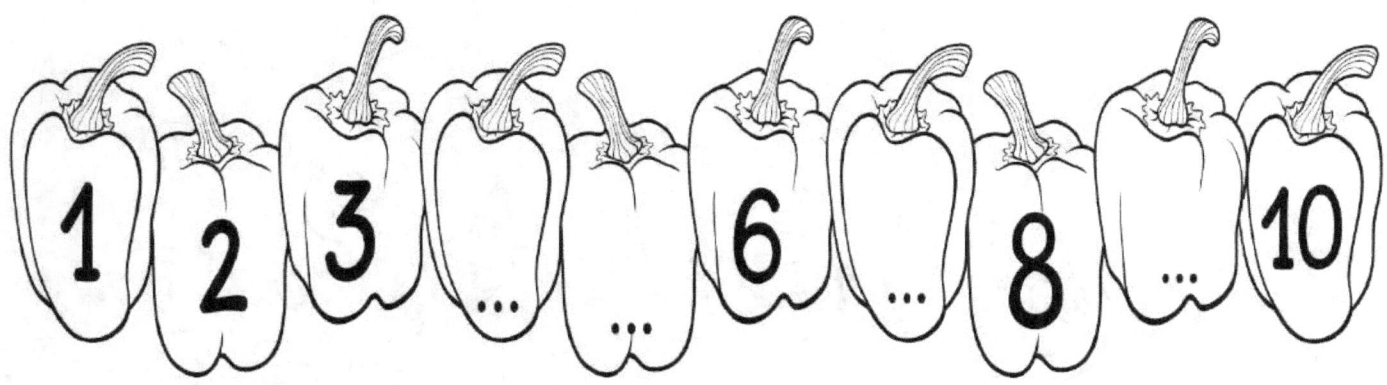

○ + ○ + ○ = ○

4 + 3 + 5 = 12

0 1 2 3 4 5 6 7 8 9 + −
10 11 12 13 14 15 16 17 18 19 20 =

1.  16 − 7 = ?

2.  9 − 5 = ?

3.  12 − 4 = ?

0 1 2 3 4 5 6 7 8 9 + −
10 11 12 13 14 15 16 17 18 19 20 =

1. 9
2. 4
3. 8

1. 8 − 3 = ?

2. 10 − 6 = ?

3. 16 − 13 = ?

0 1 2 3 4 5 6 7 8 9 + −
10 11 12 13 14 15 16 17 18 19 20 =

1. 5
2. 4
3. 3

1. $5 - 4 = ?$

2. $12 - 9 = ?$

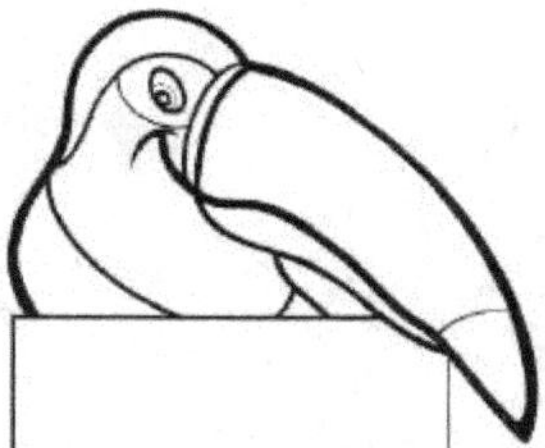

3. $19 - 13 = ?$

1.

◯ − ◯ = ◯

2.

◯ − ◯ = ◯

3.

◯ − ◯ = ◯

⓪ ① ② ③ ④ ⑤ ⑥ ⑦ ⑧ ⑨ ➕ ➖
⑩ ⑪ ⑫ ⑬ ⑭ ⑮ ⑯ ⑰ ⑱ ⑲ ⑳ ＝

ANSWER
1. ⑩ − ⑦ = ③
2. ⑥ − ④ = ②
3. ⑦ − ③ = ④

1.

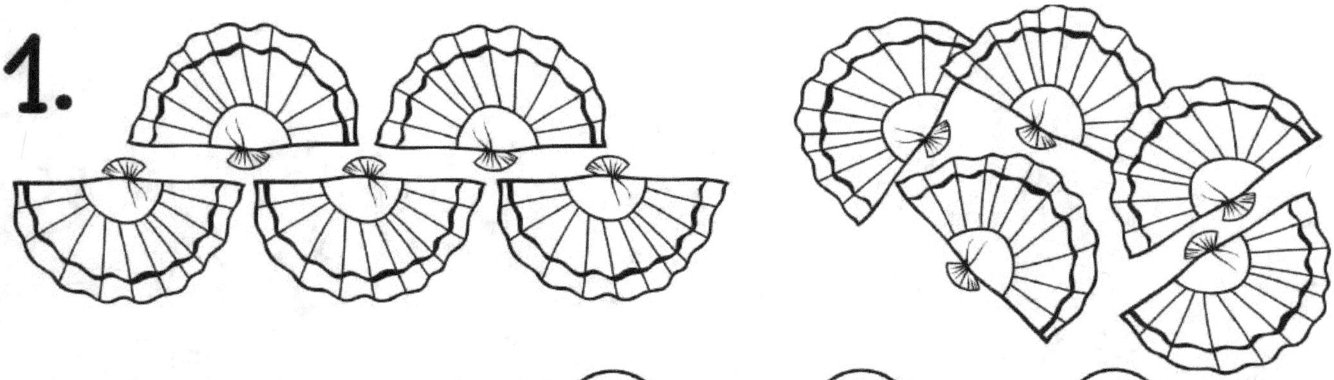

◯ − ◯ = ◯

2.

◯ − ◯ = ◯

3.

◯ − ◯ = ◯

0 1 2 3 4 5 6 7 8 9 + −
10 11 12 13 14 15 16 17 18 19 20 =

ANSWER
1. 6 − 6 = 0
2. 7 − 5 = 2
3. 9 − 4 = 5

1. 2 + 3 + 7 = ☐

2. 4 + ☐ − 6 = 6

3. 12 − 5 + ☐ = 8

4. ☐ + 1 − 11 = 5

5. 14 − 9 − ☐ = 2

ANSWER
1. 2 + 3 + 7 = 12
2. 4 + 8 − 6 = 6
3. 12 − 5 + 1 = 8
4. 15 + 1 − 11 = 5
5. 14 − 9 − 3 = 2

1. 6 + ☐ + 7 = 15

2. 9 + 1 + ☐ = 19

3. ☐ + 9 − 5 = 12

4. 7 − 3 + 4 = ☐

5. ☐ − 9 − 4 = 2

\+ − =

1 2 3 4 5 6 7 8 9 0

1 2 3 4 5 6 7 8 9 0

ANSWER

1. 6 + 2 − 7 = 15
2. 9 + 1 + 9 = 19
3. 8 + 9 − 5 = 12
4. 7 − 3 + 4 = 8
5. 15 − 9 − 4 = 2

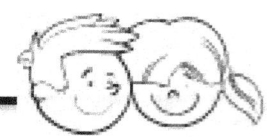

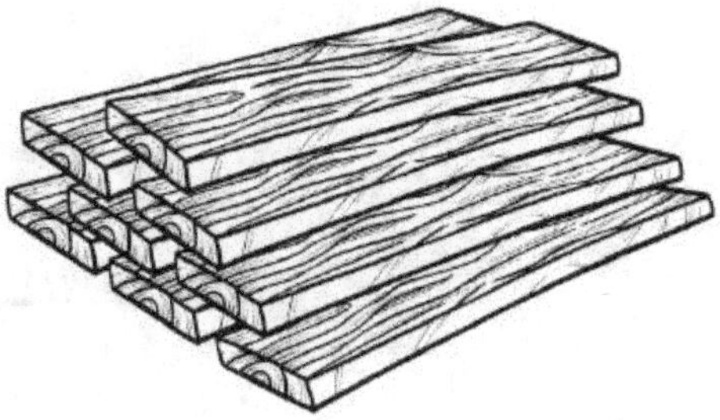

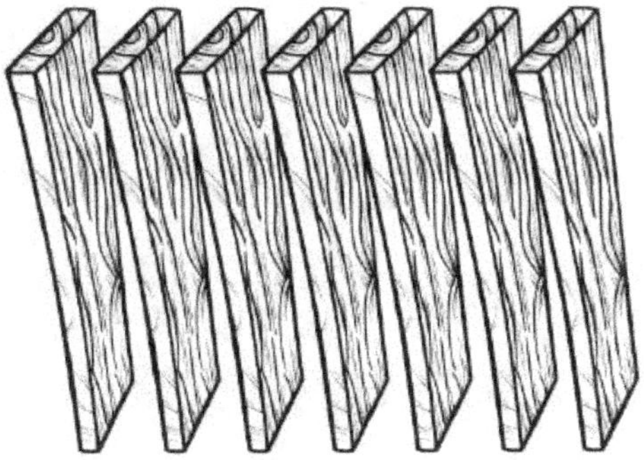

△ = 2   ◯ = ?   □ = ?

△ + ◯ = 7   ◯ + △ + ◯ = 12

□ + △ = 9   △ + ◯ + □ = 14

□ + ◯ = 12   □ + ◯ + □ = 19

ANSWER

□ = 7
◯ = 5
△ = 2

□ = 2   ○ = ?   △ = ?

□ + ○ = 6   □ + △ + □ = 10

□ + △ = 8   □ + △ + ○ = 12

△ + ○ = 10   △ + □ + △ = 14

0 1 2 3 4 5 6 7 8 9 + − =

ANSWER

△ = 6
○ = 4
□ = 2

www.ingramcontent.com/pod-product-compliance
Lightning Source LLC
Chambersburg PA
CBHW080950220526
45465CB00008BA/3232